目录 CONTENTS

01 前言

1920－1949 纺织品包装设计

04 1920－1949 印染布包装标贴设计
31 1920－1949 棉纱包装标贴设计
42 1930－1949 袜子纸盒包装纸设计
51 1930－1949 针织内衣纸盒包装纸设计

1920－1949 食品包装设计

58 1930－1949 糖果包装设计
66 1920－1949 饼干、糕点包装设计
68 1920－1930 面粉包装设计
70 1930－1949 调味品包装设计
72 1930－1949 香烟包装设计
76 1930－1949 茶叶包装设计

1930－1949 药品、卫生材料和保健品包装设计

80 1930－1949 药品包装设计
87 1930－1949 卫生材料包装设计
89 1930－1949 保健品包装设计

1920－1949 日用化学品包装设计

94 1920－1949 化妆品包装设计
110 1930－1949 香皂、蜡烛包装设计
115 1920－1949 纺织颜料（染料）包装标贴设计

目录
CONTENTS

1920－1949
电器包装设计

- 136　1920－1949 电池包装设计
- 148　1930－1949 电灯泡、电珠包装设计
- 151　1930－1949 手电筒包装设计

1920－1949
五金、橡胶及玻璃包装设计

- 154　1920－1949 五金产品包装设计
- 158　1930－1949 橡胶制品包装设计
- 159　1930－1949 热水瓶包装标贴设计

1930－1949
文化用品包装设计

- 166　1930－1949 纸张包装设计
- 167　1930－1949 笔类包装设计
- 169　1930－1949 美术颜料及印台包装设计
- 171　1930－1949 名片包装设计

1920－1949
娱乐用品包装设计

- 176　1920－1949 唱片包装设计
- 181　1940－1949 口琴包装设计
- 183　1930－1949 体育用品及玩具等包装设计

186　**参考文献**

1920
1949

左旭初 —— 著

中国包装设计

珍藏档案

ARCHIVES OF
CHINESE PACKAGING DESIGN

上海人民美术出版社

前言
PREFACE

为方便读者阅读，此处对本书中所示图片的采集渠道和内容，做简要说明。

首先，本书收录的 200 余张图片均是出自本人创办的"近现代工商业美术设计博物馆"馆内的藏品，是经本人逐一挑选后由专业摄影师进行拍摄的。因此，这些图片资料，有着较高的史料与文献价值。

其次，本书所选的相关藏品大部分出自 1920 至 1949 年间，为国内各地（绝大多数是当时国内最大的工商业城市上海）厂商设计使用的。但其中也有个别包装藏品的时间超出这一时间范围，主要是因为当时的产品产量不及今日，包装的更新迭代周期也更长。而本人需要指出的是，本书是以产品包装物最初的使用年份来确定其使用时间。

再次，对于书稿收录的藏品内容的选择，本人以当时国内各地市场上人们常见的产品包装为主，其中不少是当时行业内数一数二的国内名牌产品的包装。比如，上海震丰染织厂股份有限公司为了纪念抗战胜利而设计、使用的"芷江图"牌印染布包装标贴；鸿兴织造厂生产的"狗头"牌纱线袜纸盒包装纸；冠生园有限公司使用的"生字"牌糖果包装铁盒；我国著名包装艺术设计大师，同时又是当时的月份牌广告画创作大师——杭穉英先生设计并绘制的杏花酒楼的中秋月饼包装纸盒；等等。

另外，为了使广大读者在阅读过程中便利、快捷地使用与参考本书有关图片资料，本人依据当时常见的八大行业对产品包装物进行了分类和排序。

本书是"民国产品包装艺术设计鉴赏与研究系列丛书"学术研究成果的一个组成部分。另外，"民国产品包装艺术设计鉴赏与研究系列丛书"中的《民国商品包装艺术设计史》《民国食品包装艺术设计研究》《民国化妆品包装艺术设计研究》《民国袜子商业包装艺术设计研究》等四本有关早期包装艺术设计研究的书，已先后由上海交通大学出版社、立信会计出版社和东华大学出版社分别出版，并对外发行。

最后，虽然本人对本书篇目进行过多次修改和微调，但本书在编排、结构、体例等多方面仍存在一些不足，恳请有关专家、学者和广大读者，给予批评和指正。

左旭初

2021 年 7 月

1920
1949 >

#

纺织品包装设计
TEXTILE
PACKAGING DESIGN

1920 > 1949

印染布包装标贴设计

Packaging Label Design of Dyeing Cloth

　　达丰染织厂诞生于 1912 年，是上海纺织行业首家专业印染布厂。其使用的"九子得利"牌印染布包装标贴设计精美，在市场上有一定影响力。

　　诞生于 1940 年 10 月的上海震丰染织厂（今上海震丰染织厂股份有限公司），先后使用的"晨初图""风云图""上寿图""芷江图"四个品牌，均是当时印染布行业中的名牌产品。其中，"芷江图"牌印染布包装标贴的设计使用，更是有着十分显著的时代特征。据《沪商抗战遗珍》一书介绍，抗战胜利之初，该厂大胆选用当时日军在华第一个投降地——湖南省芷江县的山水风光，作为印染布包装标贴图样的设计素材。如本书 23 页上的图，这件山水画的包装标贴，近处有山石、树木和江水；中间有造型精美的石孔桥；远处则是一座座高山，山上还有一座宝塔。说明当时此件印染布包装标贴的设计人员，不仅描绘湖南省芷江县的自然风光与人文景象，更是以此表达该厂广大员工同全国各族人民一道，热烈欢庆抗战伟大胜利到来的喜悦之情。

　　20 世纪 30 年代后期，大公纺织印染机器制造公司使用的"航空救国"牌印染布包装标贴，同样满含浓厚的抗战与爱国情怀，也反映了全国民众积极投身到伟大的抗日爱国斗争之中的决心。

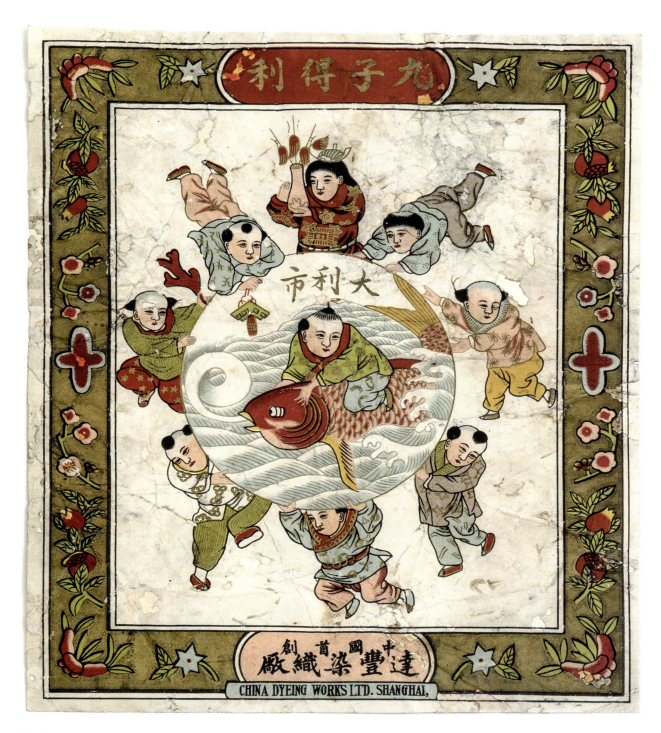

1920

20世纪20年代,达丰染织厂使用的"九子得利"牌印染布包装标贴

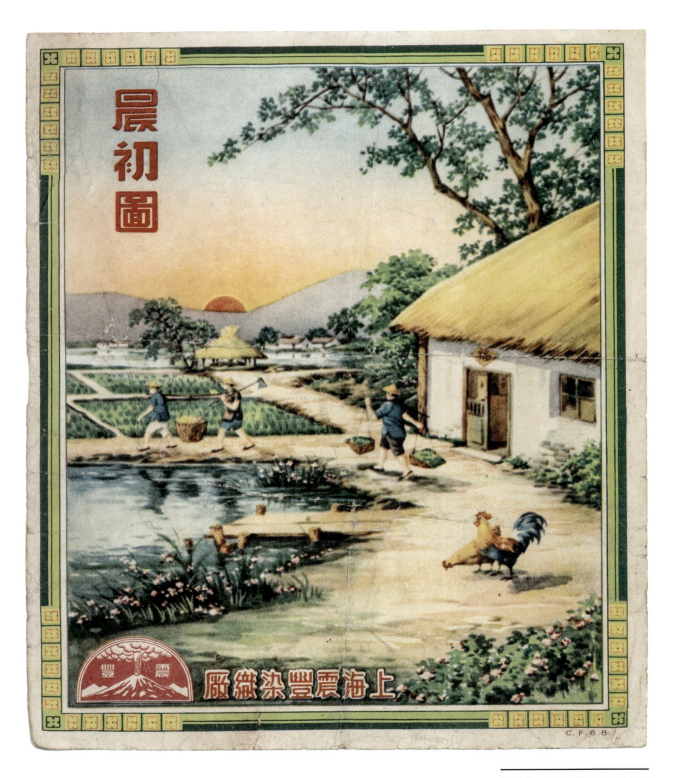

1930　20世纪30年代，上海震丰染织厂使用的"晨初图"牌印染布包装标贴

1930

20世纪30年代,大公染织股份有限公司使用的"太公钓渭图"牌印染布包装标贴

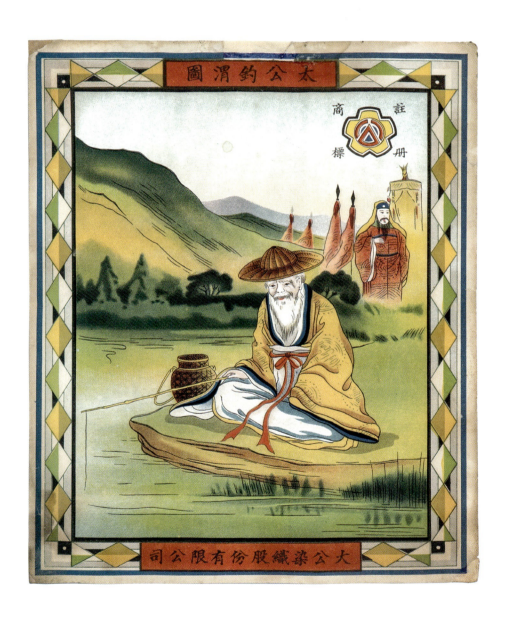

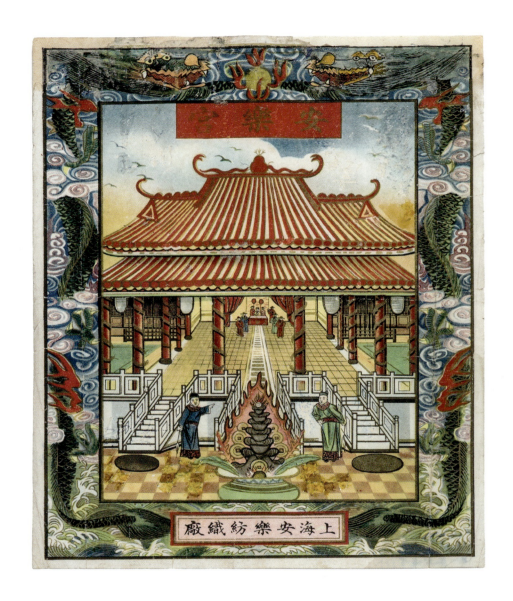

1930

20世纪30年代，上海安乐纺织厂使用的"安乐宫"牌印染布包装标贴

1930

20世纪30年代，上海义记染织厂使用的"义记图"牌印染布包装标贴

1930

20世纪30年代,大公纺织印染机器制造公司使用的"航空救国"牌印染布包装标贴

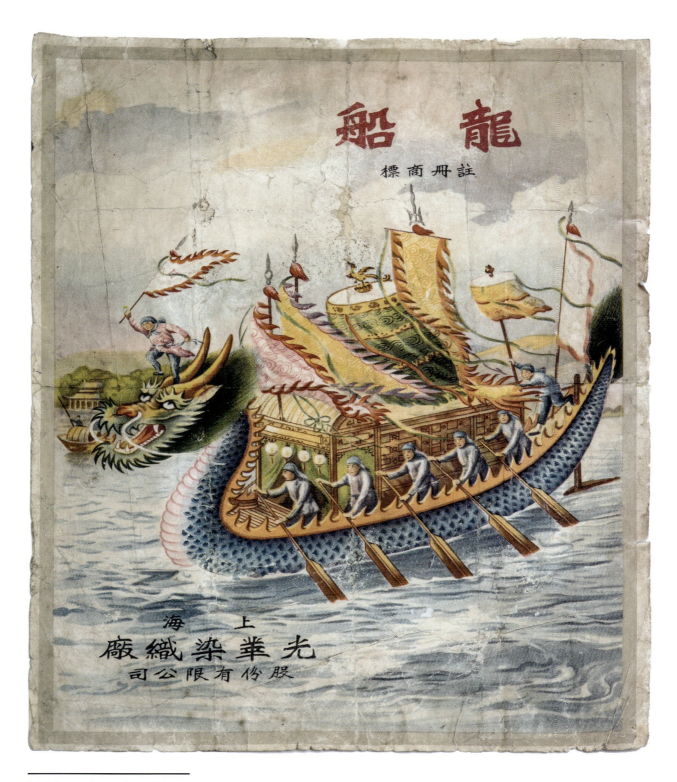

1930 20世纪30年代,上海光华染织厂股份有限公司使用的"龙船"牌印染布包装标贴

1930　20世纪30年代，上海三丰染织厂使用的"天王图"牌印染布包装标贴

1930 20世纪30年代,上海永孚染织厂使用的"熊虎图"牌印染布包装标贴

1930

20世纪30年代,广大成记染织漂厂使用的"月兔图"牌印染布包装标贴

1930　20世纪30年代，上海华安染织厂使用的"华甲得安"牌印染布包装标贴

1930　20世纪30年代，上海丰泰染织厂使用的"达摩渡"牌印染布包装标贴

1940

20世纪40年代,上海震丰染织厂使用的"风云图"牌印染布包装标贴

1940 20世纪40年代,上海南洋机器染织厂使用的"鹿孔雀"牌印染布包装标贴

1940

20世纪40年代，上海久昌棉布号使用的"九獐图"牌印染布包装标贴

1940

20世纪40年代，上海震丰染织厂使用的"上寿图"牌印染布包装标贴

1940

20世纪40年代,上海正大棉布号使用的"红美人"牌印染布包装标贴

1940　20世纪40年代，中国内衣纺织染厂使用的"无线电"牌印染布包装标贴

1940

20世纪40年代，上海震丰染织厂股份有限公司使用的"芷江图"牌印染布包装标贴

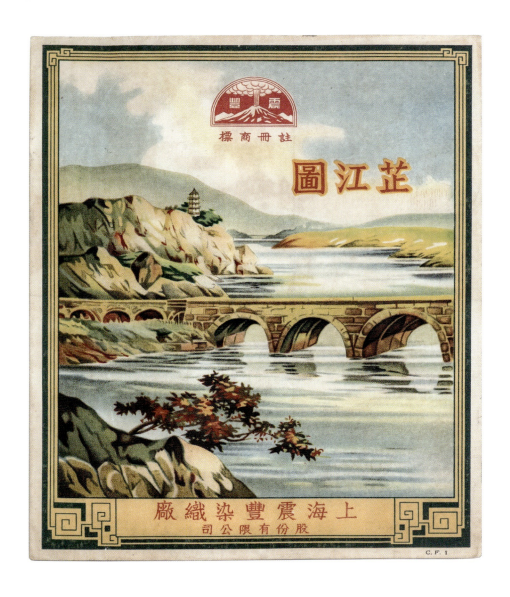

1940

20世纪40年代,大华染织厂使用的"象球图"牌印染布包装标贴

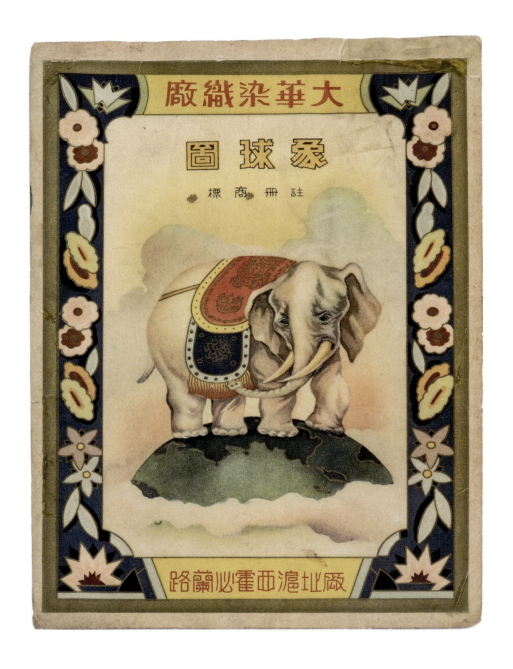

1940 20世纪40年代，上海乾丰染织厂使用的"五花"牌印染布包装标贴

1940 20世纪40年代，上海乙丰染织厂使用的"银涛"牌印染布包装标贴

1940

20世纪40年代,中国九新染织厂使用的"九新图"牌印染布包装标贴

1940　20世纪40年代，上海天一机织印染厂使用的"满堂彩"牌印染布包装标贴

1940

20世纪40年代,信丰染织厂使用的"星蜂图"牌印染布包装标贴

1940　20世纪40年代，上海乾丰染织厂使用的"金麒麟"牌印染布包装标贴

1920–1949 > 棉纱包装标贴设计

Packaging Label Design of Cotton Yarn

据《上海纺织工业志》介绍，20世纪20年代，上海物品交易所曾一度以申新纺织第一厂（即申新纺织厂）的16支"人钟"牌棉纱为标准纱。1940年，申新纺织第九厂生产的20支"金双马"牌棉纱闻名于市，成为当时上海华商纱布交易所选定的标准纱，产品盛销国内和南洋地区。这里会介绍我国早期著名纱厂——申新纺织厂使用的"人钟"牌棉纱包装标贴，以及之后申新纺织第九厂使用的"金双马"牌棉纱包装标贴。

1920

20世纪20年代，内外绵纱厂使用的"聚贤村"牌棉纱包装标贴

1920　20世纪20年代，内外绵纱厂使用的"四君子"牌棉纱包装标贴

1930　20世纪30年代，申新纺织厂使用的"人钟"牌棉纱包装标贴

1930　20世纪30年代，申新纱厂使用的"宝塔"牌棉纱包装标贴

1930

20世纪30年代，上海申新纺织第二厂使用的"采花图"牌棉纱包装标贴

1930 20世纪30年代,申新纺织第二厂使用的"天女散花"牌棉纱包装标贴

1930

20世纪30年代，上海申新纺织第九厂使用的"金双马"牌棉纱包装标贴

20世纪30年代，申新纺织第二、五厂使用的"万寿果"牌棉纱包装标贴

1940

20世纪40年代，上海中纺纱厂使用的"百鹿"牌棉纱包装标贴

1940

20世纪40年代，上海新裕纺织有限公司使用的"双地球"牌棉纱包装标贴

1940

20世纪40年代,上海中纺纱厂使用的"鸿福"牌棉纱包装标贴

1940　20世纪40年代，信和纱厂股份有限公司使用的"多宝"牌棉纱包装标贴

1930 > 1949

袜子纸盒包装纸设计
Carton Packaging Design of Socks

早期，国内生产袜子企业众多，20世纪40年代后期最甚。该时期，只上海一地，就有2160余家袜子生产企业。当时市场上常见的袜子产品，主要包括纱、线、丝和舞袜等多个种类。它们均出自当时国内织袜行业首屈一指的名牌袜织造厂。如上海鸿兴织造厂生产的"狗头"牌纱、线袜，中华织造厂生产的"花篮"牌袜子等，都是当时国内织袜行业中，数一数二的名牌产品。尤其"狗头"牌纱、线袜曾于1933年远赴美国，参加芝加哥世博会，并获大奖。此外，久益裕记电机袜厂生产的"三桃"牌袜子，上海勤兴袜衫厂股份有限公司生产的"黑马"牌纱袜等，在同行和消费者中，也有一定的社会知名度。

1930

20世纪30年代，上海鸿兴织造厂使用的"狗头"牌纱、线袜纸盒包装纸

1940

20世纪40年代,中华织造厂使用的"槟榔"牌袜子纸盒包装纸

1940

20世纪40年代,上海永余昌记针织厂使用的"双叶"牌袜子纸盒包装纸

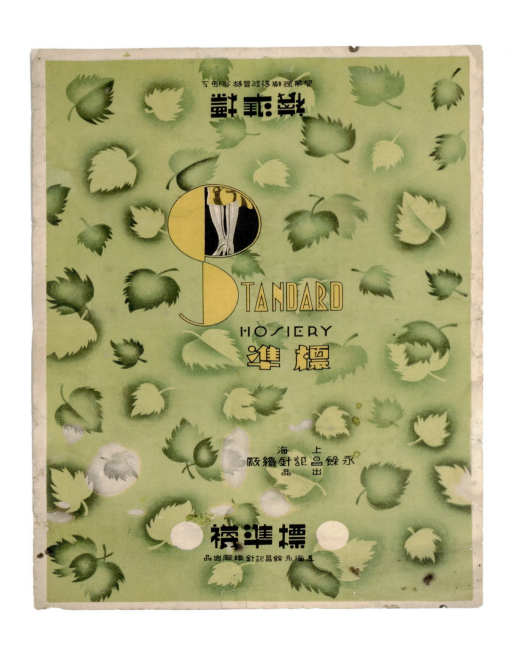

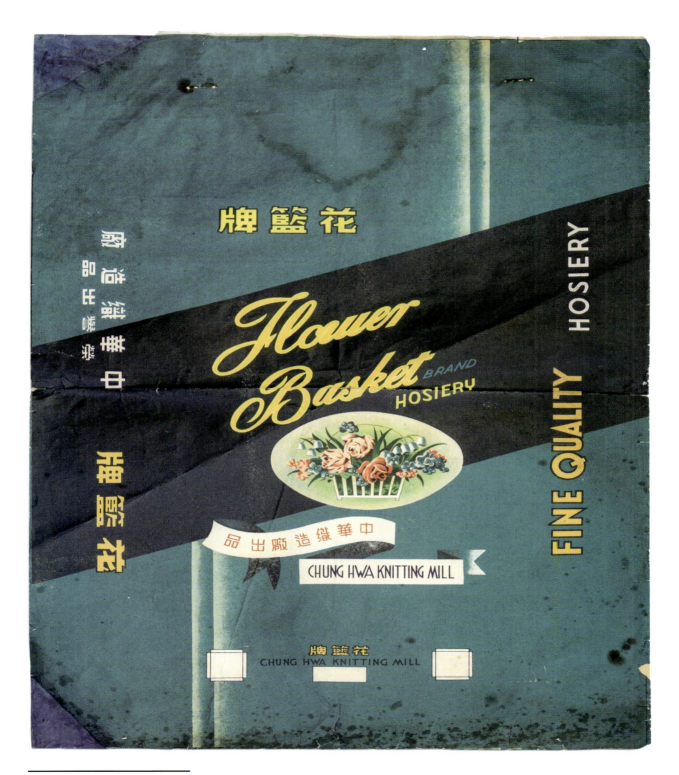

1940　20世纪40年代，中华织造厂使用的"花篮"牌袜子纸盒包装纸

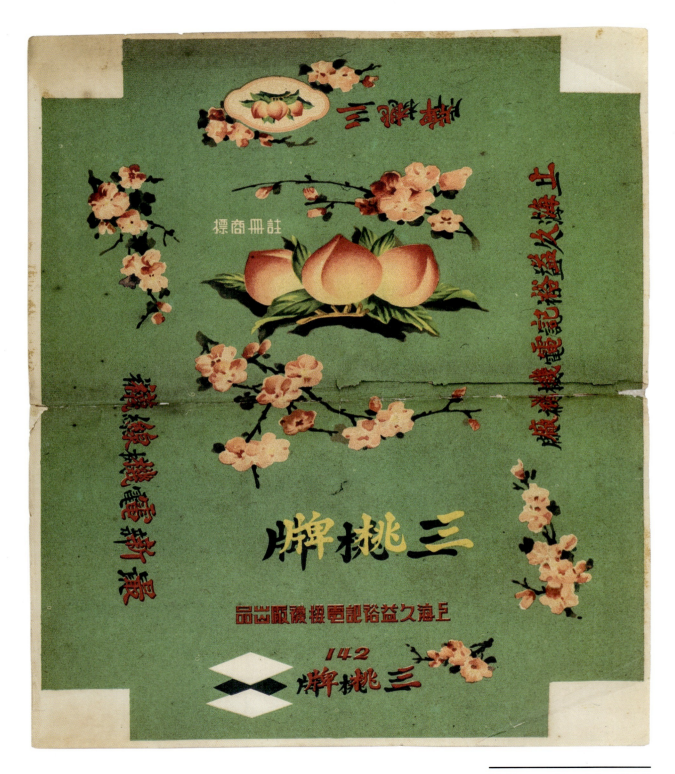

20世纪40年代,上海久益裕记电机袜厂使用的"三桃"牌袜子纸盒包装纸

1940　20世纪40年代，上海强华针织厂使用的"彩虹"牌袜子纸盒包装纸

1940

20世纪40年代，中国无锡中华织造厂使用的"勇军"牌袜子纸盒包装纸

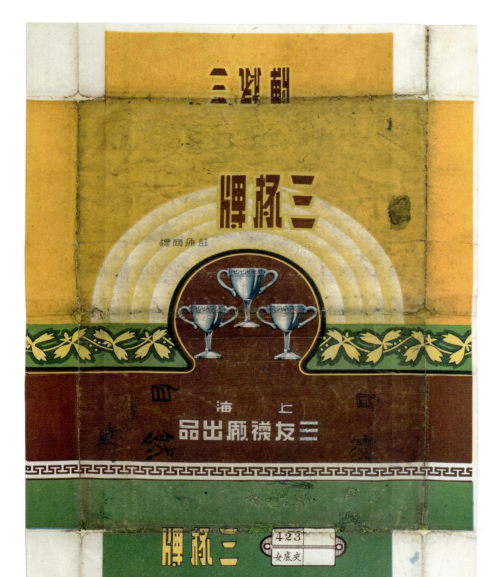

1940

20世纪40年代，上海三友袜厂使用的"三杯"牌袜子纸盒包装纸

1940

20世纪40年代,上海勤兴袜衫厂股份有限公司使用的"黑马"牌乔其纱袜纸盒包装纸

1930—1949

针织内衣纸盒包装纸设计
Carton Packaging Design of Knitted Underwear

针织内衣,最早是由国外输入我国的洋货纺织品。据《上海纺织工业志》介绍,我国最早生产针织内衣的企业,是诞生于清光绪二十二年(1896年)的上海云章袜衫厂。遗憾的是,我们目前几乎已不太可能见到百年前由云章袜衫厂使用的针织内衣包装纸、包装纸盒等的原件实物了。

此外,由于生产针织内衣的技术要求较高,到20世纪30年代,国内各地专业生产针织内衣成品的企业仍是少数。因此,现存的当年厂商使用的针织内衣包装纸盒和包装纸同样非常稀少。其主要原因就是,当时厂商使用的针织内衣包装纸盒外观体积较大,且包装纸盒容易受潮、污染和破损,一般难以长期保存。

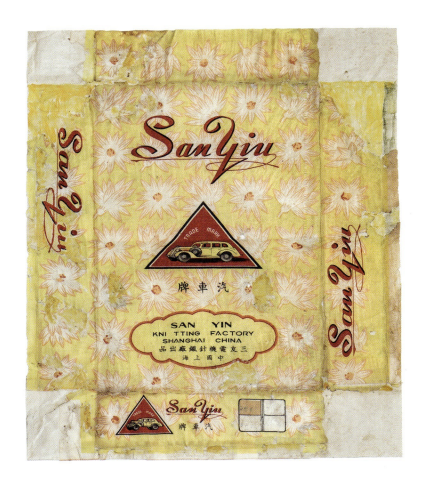

1930

20世纪30年代,三友电机针织厂使用的"汽车"牌针织内衣纸盒包装纸

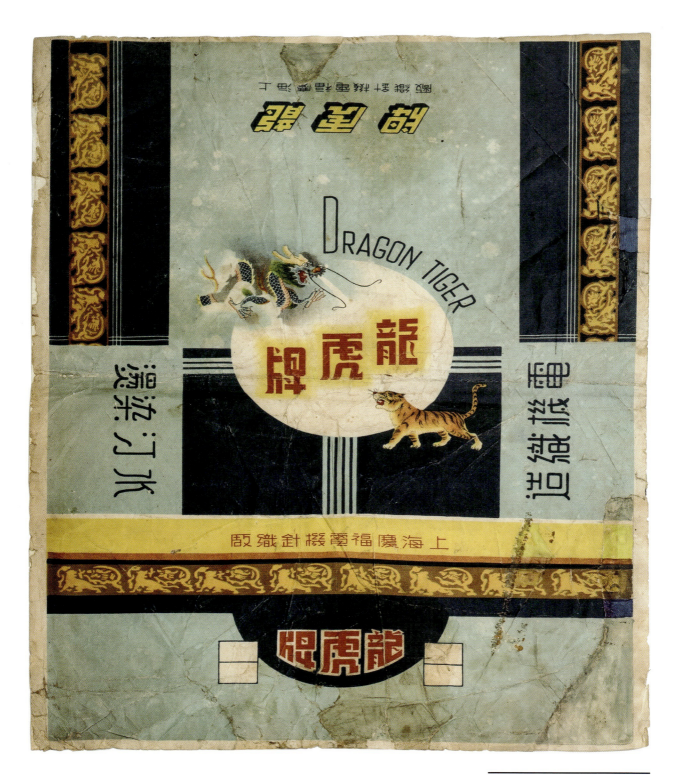

1940 20世纪40年代，上海庆福电机针织厂使用的"龙虎"牌针织内衣纸盒包装纸

1940

20世纪40年代,香港上海汇利棉织厂使用的"纱车"牌线汗衫纸盒包装纸

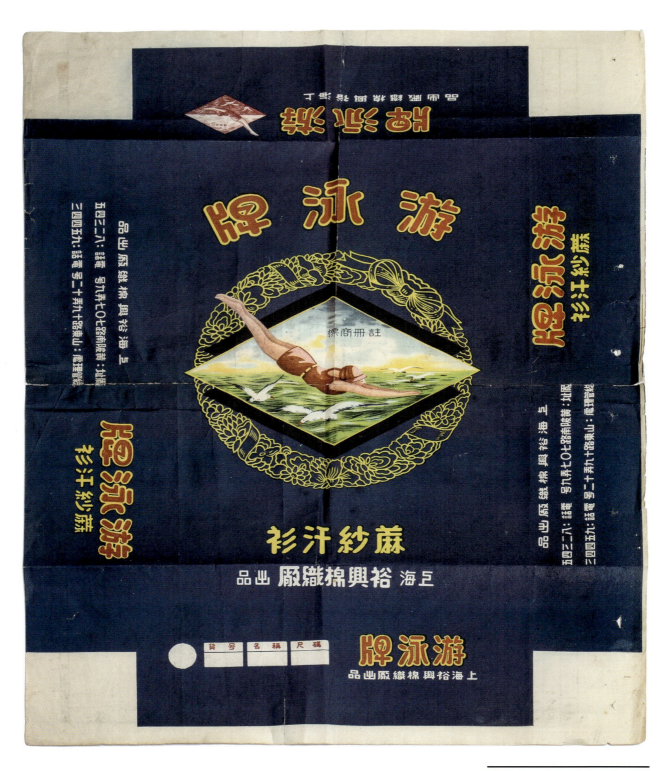

1940　20世纪40年代，上海裕兴棉织厂使用的"游泳"牌麻纱汗衫纸盒包装纸

1940 20世纪40年代,上海久成电机织造工厂使用的"球王"牌针织内衣纸盒包装纸

1930 > 1949

糖果包装设计
Packaging Design of Candy

本节列举了当时市场上人们常见的、知名度较高的糖果包装铁盒。在早期生产糖果产品的企业中,冠生园有限公司和泰康罐头食品公司知名度较高。因为这两家食品公司不仅创办时间早,生产规模大,产品质量高,而且还同时荣获 1926 年美国费城世博会的甲等大奖。

据《老商标的故事》介绍,冠生园有限公司由我国现代著名企业家、广东佛山籍商人冼冠生创办于 1915 年,最初名为冠生园食品店。该店位于上海市中心热闹地段的九亩地(今露香园路一带)附近。1918 年,冼冠生为了扩大生产与销售规模,一次性对外集资 15 万元,组建成立了冠生园有限公司。冠生园有限公司生产与经营的食品种类繁多,当时大大小小有近 20 个系列 2000 多个品种。

1930

20 世纪 30 年代,冠生园有限公司使用的"全心"牌喜果包装铁盒

1930

20世纪30年代，老大房使用的喜糖包装铁盒

1930

20世纪30年代，冠生园有限公司使用的双龙戏珠糖果包装铁盒

1930

20世纪30年代，华成公司使用的百年好合喜糖包装铁盒

1930

20世纪30年代,上海美商沙利文糖果饼干公司使用的"沙利文"牌糖果包装铁盒

1930

20世纪30年代,中国泰康食品公司使用的"福字"牌泰康喜果包装铁盒

1930

20世纪30年代,冠生园有限公司使用的"生字"牌小天使喜果包装铁盒

1930

20世纪30年代，中国泰康食品公司使用的"三角"牌喜糖包装铁盒

1940

20世纪40年代，天星糖果饼干厂使用的"天星"牌糖果包装铁盒

1920—1949 饼干、糕点包装设计

Packaging Design of Pastry

据有关食品工业史料记载，清光绪三十三年（1907年），我国第一家罐头食品厂——上海泰丰罐头食品有限公司，就开始大批量生产"双喜"牌饼干等罐头食品。

1920—1949年，因一般都使用大型现代化机器设备进行流水线生产，并需要使用大型专业设备进行烘干处理，故饼干生产在我国都是以各专业厂家生产为主，一般的食品销售商店或食品小作坊，无法进行大规模的生产。所以早期现代化饼干生产企业大都集中在沿海和一些工业发达的地区。20世纪初，上海迈罗食品公司率先从西方引进现代化机械设备，用以生产"洋船"牌饼干。之后，其他厂商也陆续开始引进先进的机械化设备，生产各种口味的饼干。1933年，中国泰康食品公司投入巨资，向英国培克公司购进当时最先进的饼干生产设备，其生产的"三角"牌、"福字"牌饼干的产量和质量，均已达到国内外先进水平。

早期的饼干包装设计，主要有两种情况：一种是食品商店在零售饼干时，使用的外观设计比较粗糙、色彩单一的外包装纸袋；另一种是由饼干生产厂商委托专业铁盒生产制作企业生产制造的外观印制精美的饼干包装铁盒。

1920

20世纪20年代，上海迈罗食品公司使用的"洋船"牌饼干包装铁盒

1920

20世纪20年代，上海泰丰罐头食品有限公司使用的"双喜"牌饼干包装铁盒

1930

20世纪30年代，中国泰康食品公司使用的"三角"牌饼干包装铁盒

1940

20世纪40年代，杏花酒楼使用的中秋月饼包装纸盒

1920 > 1930

面粉包装设计

Packaging Design of Flour

据中国近现代面粉工业史料介绍,上海阜丰机器面粉公司是我国第一家现代化大机器加工的专业面粉生产公司。清光绪二十四年(1898年),其由安徽寿县人士孙多森、孙多鑫兄弟率先创办成功。之后,我国著名实业家"荣氏兄弟"[即荣宗锦(又名荣宗敬)、荣宗铨(又名荣德生)],于1910年创立的无锡茂新面粉公司,在同行中也有很大的社会影响力。该公司生产的"兵船"牌面粉曾风靡几十年。

1920—1949年,由于面粉加工行业获利较高,各地面粉加工企业陆续开办,并进行现代化大机器生产,形成相当大的规模。

1920

20世纪20年代,上海阜丰机器面粉公司使用的"车"牌面粉包装袋

1930

20世纪30年代，无锡茂新面粉公司使用的"兵船"牌面粉包装袋

1930 > 1949

调味品包装设计
Packaging Design of Condiment

我国第一家味精调味品厂是中国天厨味精制造厂，它由我国近代著名实业家、味精食品工业的创始人吴蕴初先生创办。该厂于20世纪20年代初便开始批量生产"佛手"牌味精。其先后在1926年美国费城世博会、1930年比利时列日世博会和1933年美国芝加哥世博会上，连续三次获得甲等大奖、金质奖章等。这在国内调味品历史上，是绝无仅有的。中国天厨味精制造厂成立后几年，多家调味品生产企业在上海陆续成立。

1930

20世纪30年代，中国天厨味精制造厂使用的"佛手"牌味精包装铁盒

1940

20世纪40年代,中国梅林罐头食品公司使用的"金盾"牌番茄酱包装标贴

1930 > 1949

香烟包装设计

Packaging Design of Cigarette

对于早期香烟产品的包装，就目前所收集的原件包装实物来看，其外观包装种类繁多。无论是香烟的外观包装样式设计，包装材料选用，还是香烟包装规格、数量等等，均不尽相同。各香烟生产企业会根据顾客选用包装习惯、市场销售、包装材料成本和厂商本身喜好等多种因素，最后决定选用何种香烟外包装。

从早期国内各地卷烟厂商大量使用的卷烟硬纸盒包装实物看，它们整体设计都非常精美，所要表现的品牌主题图样都非常具体化，与现在烟标所提倡的简洁化、西洋化的设计风格，有很大的不同。当然，目前其他产品商标与包装图样的设计，也呈现出越来越缺乏艺术性的发展倾向。另外，在对所收集的早期厂商大量使用的硬纸盒包装进行拆解时，我们发现绝大多数硬纸盒是采用横式包装款式进行设计的，且绝大多数是采用10支的小型化包装；而竖式硬纸盒和20支的包装，并不多见。

中国华成烟公司是20世纪30年代我国知名的香烟生产企业。该公司生产的"金鼠"牌和"美丽"牌等香烟，在国内城乡各地畅销几十年而不衰。

1930

20世纪30年代，中国华成烟公司使用的"金鼠"牌香烟包装纸

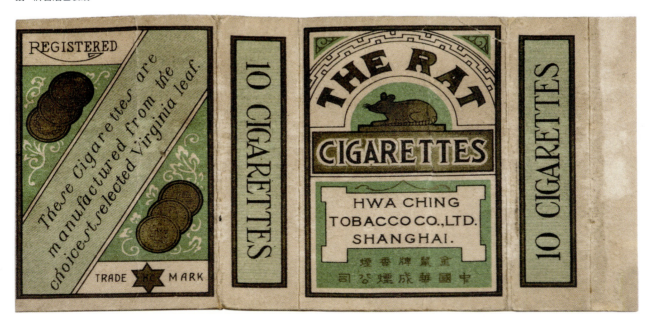

1940

20世纪40年代,中国华美烟公司使用的"人参"牌香烟包装纸

1940

20世纪40年代，中国南洋兄弟烟草公司使用的"银行"牌香烟包装纸

1940

20世纪40年代,中国华明烟公司使用的"金鸡"牌香烟包装纸

1930–1949 茶叶包装设计

Packaging Design of Tea

该时期的茶叶包装一般有三种形式：一、铁质的包装盒、罐，二、包装纸、包装袋，三、使用木、竹等天然材质做成的盒、罐。当时在同行业和消费者中知名度较高、存世量较多的铁质包装盒是上海华茶公司的"双龙"牌茶叶包装铁盒与上海汪裕泰茶号的"金叶"牌茶叶包装铁盒。

1930

20世纪30年代，上海华茶公司使用的"双龙"牌茶叶包装铁盒

1940

20世纪40年代，上海汪裕泰茶号使用的"金叶"牌茶叶包装铁盒

1930 >
1949

#

药品、卫生材料和保健品包装设计

DRUG
SANITARY MATERIALS
HEALTH PRODUCTS
PACKAGING
DESIGN

1930 > 1949

药品包装设计
Packaging Design of Drug

由于药品是一种特殊的商品，我国早期药品的外包装主要以点、线、面等元素进行设计，偶尔也使用一些非常简单的图案进行装饰。从整体上来说，药品外包装不如食品、纺织品、化妆品和娱乐用品等其他用品内容丰富、精美，但也不是完全没有可圈可点之处。比如信谊化学制药厂生产的"长命"牌维他赐保命、中华制药公司生产的"龙虎"牌人丹、上海新亚化学制药厂生产的"星"牌新亚钙剂等，其产品外包装的铁盒设计，也同样非常出色。在《东亚之部·商标汇刊》一书中，我们不仅能查到这些品牌当年商标注册使用的详细资料，而且还能查阅其早期的包装设计。

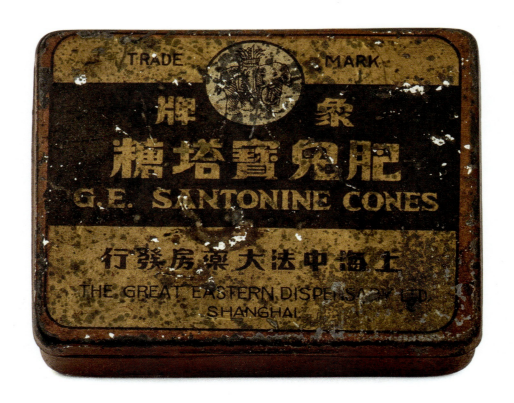

1930

20世纪30年代，上海中法大药房使用的"象"牌肥儿宝塔糖包装铁盒

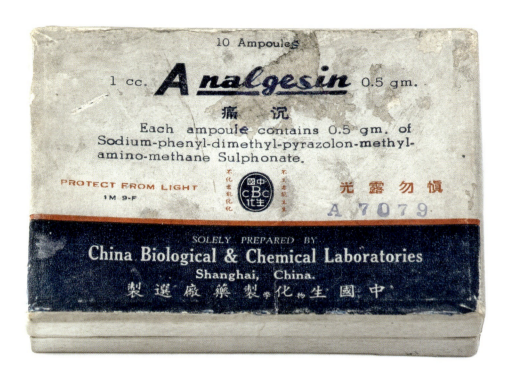

1940

20世纪40年代,中国生化制药厂使用的"中国生化"牌沉痛药品包装纸盒

20世纪40年代,信谊化学制药厂使用的"长命"牌维他赐保命包装铁盒

1940

20世纪40年代,上海新亚化学制药厂使用的"星"牌新亚钙剂包装铁盒

1940

20世纪40年代，上海科发大药房使用的"KOFA"牌科发气喘散包装铁盒

1940

20世纪40年代,中华制药公司使用的"龙虎"牌人丹包装铁盒

1940

20世纪40年代，中苏化学制药厂使用的"麋鹿"牌鹿茸赐保命包装纸盒

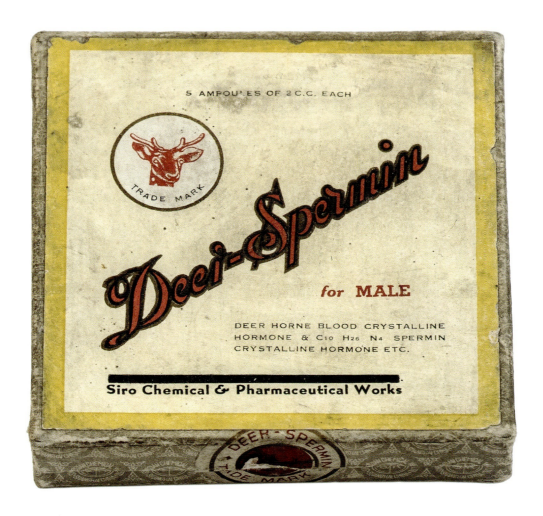

1940

20世纪40年代,上海开美科大药厂使用的"开美科"牌钙素母包装纸盒

1930 > 1949

卫生材料包装设计

Packaging Design of Sanitary Materials

与常规药品相比,卫生材料的生产与销售没有那么广泛,所以留存至今的卫生材料外包装物也十分稀少。其中,九星化学厂生产的"九星"牌绊创膏、天平化学制药厂生产的医用橡皮胶布等,都是这一行业中的知名产品。

1930

20世纪30年代,利克生氏使用的舒配尔黏贴膏包装铁盒(作者注:"黏"应为"粘",为了与图片上的文字一致,此处故用"黏"字,下同)

1940

20世纪40年代，信谊化学制药厂使用的"长命"牌医用胶布铁罐

20世纪40年代，九星化学厂使用的"九星"牌绊创膏包装铁罐

1930 > 1949

保健品包装设计

Packaging Design of Health Products

我国保健品的生产、销售历史悠久。当时店商所销售的保健品外包装一般为用木、竹、铁、玻璃等制作的容器。

1930

20世纪30年代,宇宙药厂使用的"介力"牌大蒜精包装胶木盒

20世纪30年代,上海泰昌参燕号使用的西洋参包装铁盒

1940

20世纪40年代,成都商店使用的"四川正路"牌银耳包装铁盒

20世纪40年代,北川银耳庄使用的银耳包装铁盒

1940

20世纪40年代，四川商店使用的"四川特产"牌银耳包装铁盒

20世纪40年代，正德药厂使用的康福麦乳糖包装铁盒

1920 >
1949

\#

日用化学品包装设计

DAILY CHEMICALS

PACKAGING
DESIGN

1920 > 1949

化妆品包装设计

Packaging Design of Cosmetics

我国的化妆品生产历史悠久。早在古代科技文献《齐民要术》中就有记载。明朝时期（1368—1644年），南方工商业发达城市——杭州生产的"杭粉"化妆品，曾一度远销至日本各地。清朝末年（1840—1911年），上海地区的英商怡和洋行、法商永兴洋行、德商鲁麟洋行、日商三菱洋行等三四十家洋行，在经营纺织品、食品和五金机械产品的同时，也销售化妆品。因此，国外化妆品便大量涌入我国各地。

1920—1949年，我国化妆品自主品牌发展较快，除了过去的粉、香和黛等几种传统化妆品外，又新增了西方国家传入我国的多个品类。

中国化学工业社是当时一家规模很大的知名化妆品生产企业。该企业由我国现代著名实业家、化妆品生产制造专家、浙江镇海籍人方液仙，经过一年多时间的筹备，于1912年创办。20世纪20年代末，该企业已成为我国当时生产规模最大、产品种类最多的综合性日化产品生产企业。而其旗下的"三星"牌化妆品商标，也成为早期我国屈指可数的名牌商标。"三星"牌软质雪花精是该企业的名牌拳头产品。

富贝康公司由我国近代工商业者顾植民先生创办于1931年8月。该公司初期地址在法租界喇格纳路（今崇德路）125弄33号。富贝康公司以生产"百雀"牌香粉、润肤膏等各种化妆品而闻名。值得一提的是，现在还在销售的"百雀羚"牌护肤品的包装，也是参照当年的"百雀"香粉画面设计的。

1920

20世纪20年代，老妙香室粉局使用的"和合"牌鸭蛋香粉包装铁盒

1930

20世纪30年代,广生行有限公司使用的"双妹"嚜爽身粉包装铁盒

(作者注:图片中"嚜"字为广东方言,为"牌"的意思)

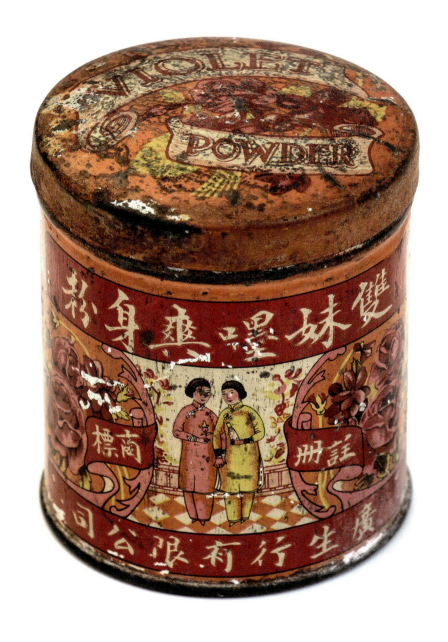

1930

20世纪30年代，老月中桂使用的"月兔"牌鸭蛋香粉包装铁盒

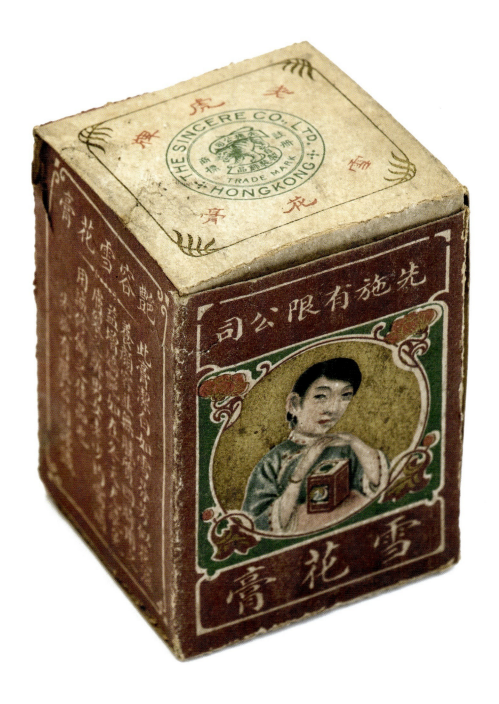

1940

20世纪40年代,先施有限公司使用的"老虎"牌雪花膏包装纸盒

1940

20世纪40年代,上海香品社使用的"蜜蜂"牌鸭蛋香粉包装铁盒

1940

20世纪40年代，上海永和实业公司使用的"月里嫦娥"牌嫦娥霜包装纸盒

1940

20世纪40年代，富贝康公司使用的"百雀"牌香粉包装纸盒

1940

20世纪40年代，五洲大药房使用的五洲爽身粉包装铁盒

1940

20世纪40年代,美商三花公司使用的"三花"牌香粉包装纸盒

20世纪40年代,上海颐恩氏制药厂使用的"美花"牌香水精包装铁盒

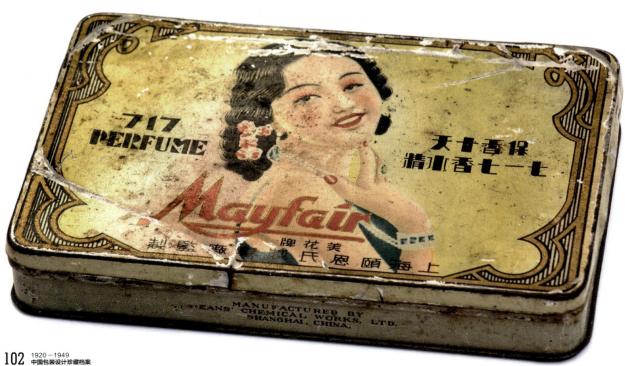

1940

20世纪40年代,中国化学工业社使用的"三星"牌软质雪花精包装纸盒

1940

20世纪40年代,中国先蒙厂使用的"夜来香"牌香水精包装铁盒

20世纪40年代,上海开明化学工业社使用的"紫光"牌香水精包装铁盒

1940

20世纪40年代，上海兄弟工业社使用的"企羊"牌香水精包装铁盒

20世纪40年代，利盛化学工业厂使用的"皇后"牌香水精包装铁盒

1940

20 世纪 40 年代，COSMETICS Co. 使用的"红花"牌头腊包装铁盒（作者注："腊"应为"蜡"，为了与图片上的文字一致，此处故用"腊"字，下同）

1940

20世纪40年代,万象行使用的发宝包装铁盒

1940

20世纪40年代，大中美化学厂使用的"金牛"牌发腊包装铝盒

20世纪40年代，亚华香品公司使用的"AA"牌萝蔓香水精包装铁盒

1940

20世纪40年代，先施有限公司使用的"老虎"牌先施白梅香粉包装铁盒

1930 > 1949

香皂、蜡烛包装设计

Packaging Design of Soap & Candle

1930

20世纪30年代，中华兴记厂使用的"黛玉葬花"牌桂花香皂包装铁盒

20世纪30年代，华丰香皂厂使用的"三美"牌香皂包装铁盒

1930

20世纪30年代，爱华香皂厂使用的"AW"牌香皂包装铁盒

1940

20世纪40年代，华美肥皂厂使用的"三星"牌肥皂包装纸盒

20世纪40年代，中央香皂厂使用的"双猴"牌香皂包装纸盒

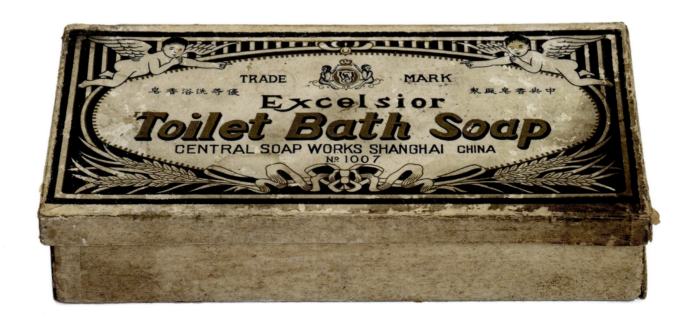

1940

20世纪40年代，中央香皂厂使用的"蜂蝶"牌檀香皂包装纸盒

20世纪40年代，中央香皂厂使用的"佛手"牌香皂包装铁盒

1940

20世纪40年代,五洲烛厂使用的"雄鸡"牌光明腊烛包装纸盒

1920–1949

纺织颜料（染料）包装标贴设计
Packaging Label Design of Dye

20世纪20年代，我国纺织颜料（染料）包装标贴设计所留存的原始纸质档案、文献实物内容非常丰富。同时，它也是早期中国产品包装设计珍藏档案中，印制最为精美的一个大类。

1920

20世纪20年代，大德颜料厂使用的"观瀑"牌颜料包装标贴

20世纪20年代，大德颜料厂使用的"双狗"牌颜料包装标贴

20世纪30年代，YUNG FONG CHONG & Co. 使用的"火车"牌颜料包装标贴

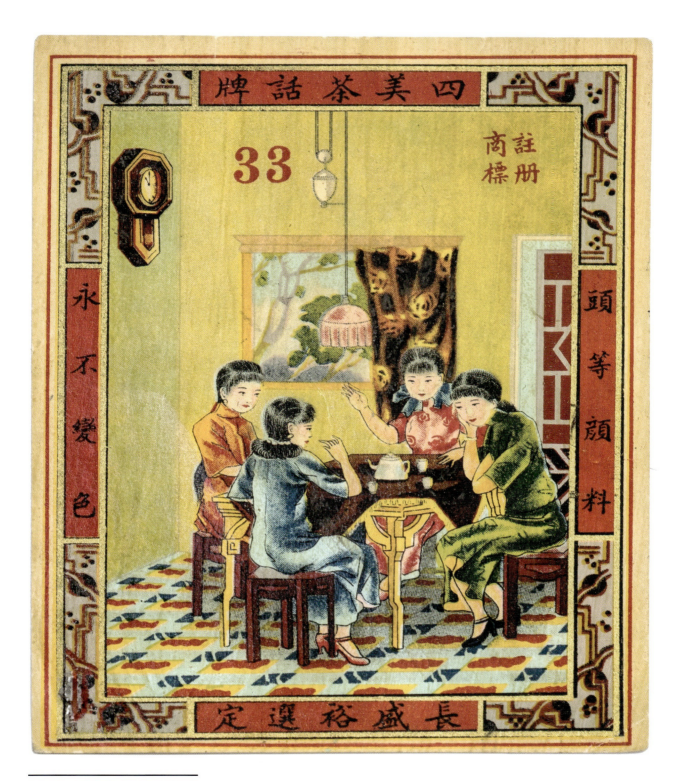

20世纪30年代,长盛裕厂使用的"四美茶话"牌颜料包装标贴

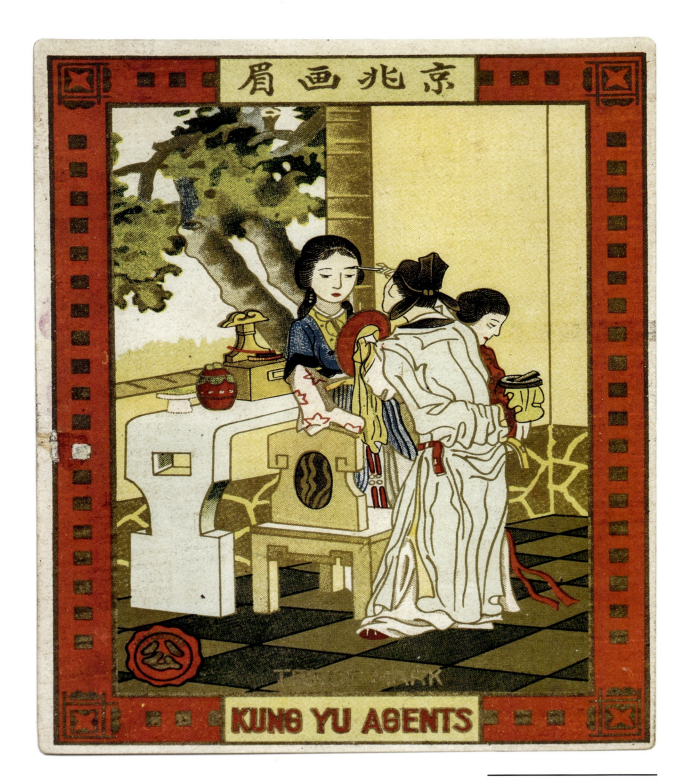

1930　20世纪30年代，公裕颜料号使用的"京兆画眉"牌颜料包装标贴

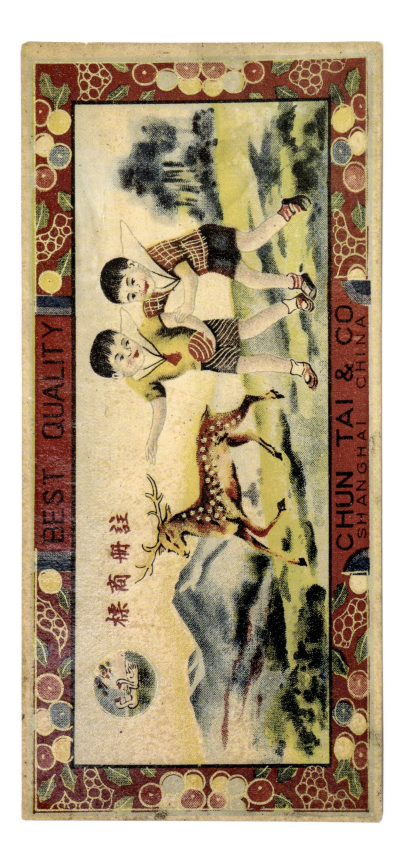

1930

20世纪30年代,CHUN TAI & Co.使用的"双童与鹿"牌颜料包装标贴

1930

20世纪30年代,CHUN TAI & Co. 使用的"推车"牌颜料包装标贴

1930

20世纪30年代，SAY LOONG & Co. 使用的"教子习字"牌颜料包装标贴

1930

20世纪30年代，DAHMEI DYES AND CHEMICALS Co. 使用的"鸡蛋"牌颜料包装标贴

1930

20世纪30年代，公裕化工厂使用的"仙壶延籙"牌颜料包装标贴

1930

20世纪30年代，瑞和颜料公司使用的"鹰虎"牌颜料包装标贴

1930

20世纪30年代,呈祉颜料号使用的"石坊"牌颜料包装标贴

1930

20世纪30年代,瑞和颜料公司使用的"三多"牌颜料包装标贴

1930

20世纪30年代,T.K.颜料公司使用的"海关钟楼图"牌颜料包装标贴

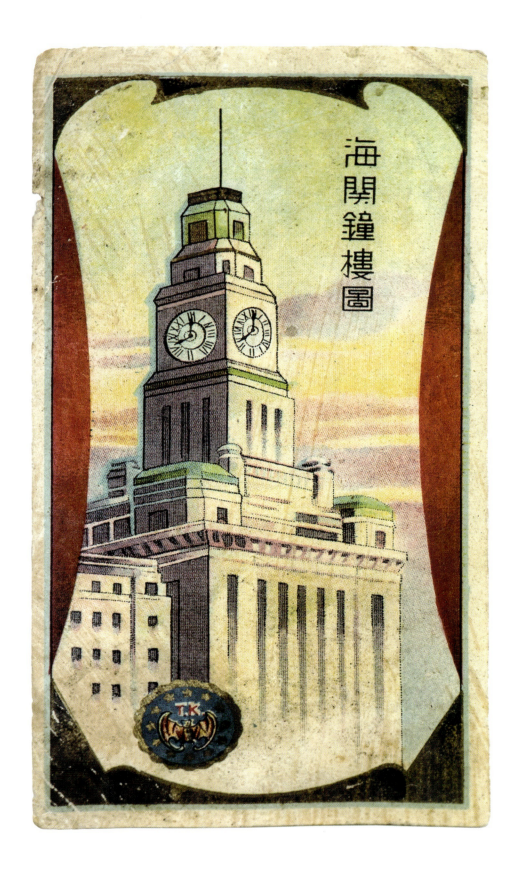

1930

20世纪30年代，书鸽颜料公司使用的"纺花图"牌颜料包装标贴

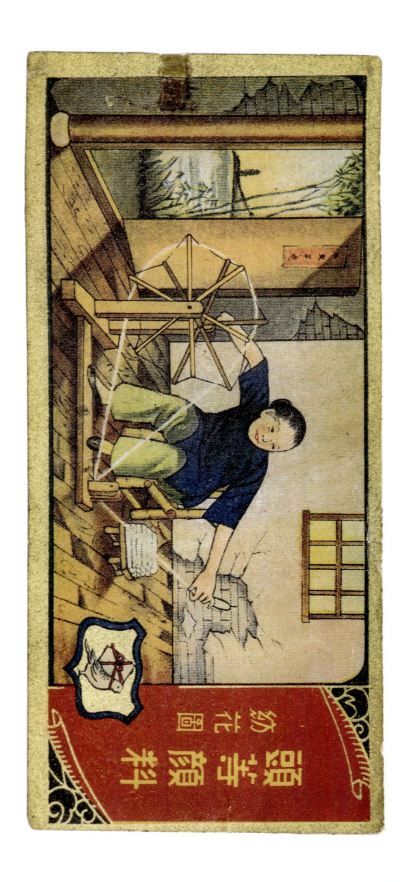

1940

20世纪40年代,中一染料厂使用的"合作"牌颜料包装标贴

1940

20世纪40年代，中一染料厂使用的"大树"牌颜料包装标贴

1940

20世纪40年代，中一染料厂使用的"鲁班殿"牌颜料包装标贴

1940

20世纪40年代,中一染料厂使用的"卢沟桥"牌颜料包装标贴

1940

20世纪40年代,中一染料厂使用的"四维"牌颜料包装标贴

1920
1949 >

#

电器包装设计
ELECTRONICS
PACKAGING
DESIGN

1920 / 1949 电池包装设计

Packaging Design of Battery

据有《上海轻工业志》介绍,中国现代电池工业起源于上海。我国第一家现代化电池生产企业——上海国华电池厂(中国蓄电池厂的前身),建于上海闸北地区的虬江路。该厂生产的"名姝"牌等电池产品,曾一举荣获过美国费城的世博会大奖。1925年,著名企业家丁熊照先生创建上海汇明电池厂,生产有"大无畏"牌电池产品。同年年底,胡少飞先生开设精新电池制造厂,出品"无敌"牌电池。

从早期电池包装封套画面设计看,其涉及内容较为丰富,图样画面色彩搭配,绚丽多姿。文字设计也呈多元化格局。

1920

20世纪20年代,中国蓄电池厂使用的"名姝"牌电池包装封套

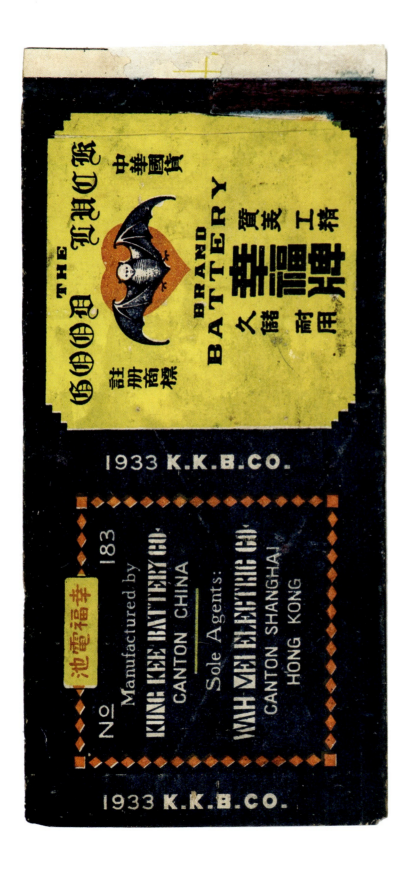

1930

20世纪30年代，K.K.B. Co. 使用的"幸福"牌电池包装封套

1940

20世纪40年代,通余电器公司使用的"好友"牌电池包装封套

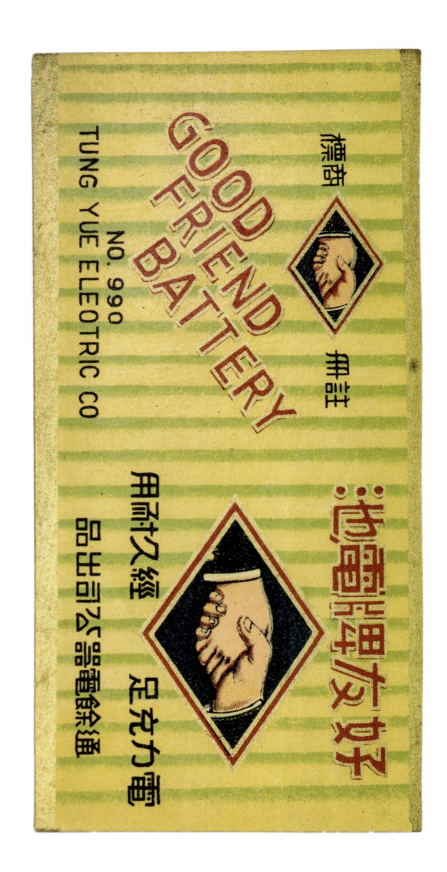

1940

20世纪40年代，中国美丰电器厂使用的"鹦鹉"牌电池包装封套

1940

20世纪40年代,上海汇明电筒电池厂使用的"领导"牌电池包装封套

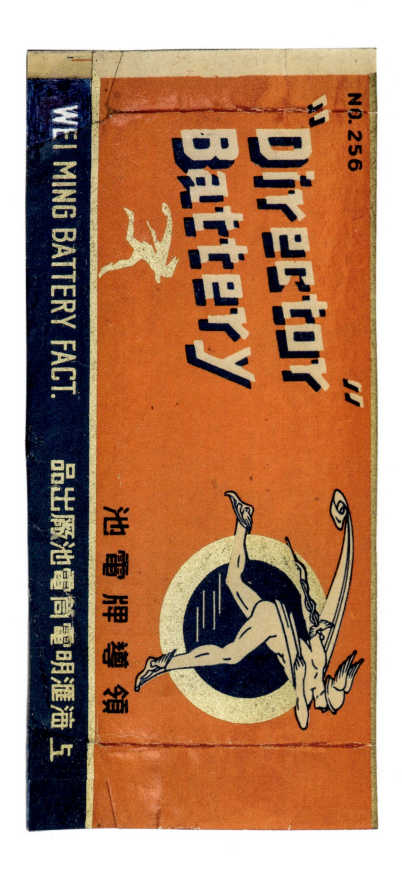

1940

20世纪40年代，福建明华电池厂使用的"时代轮"牌电池包装封套

1940

20世纪40年代,中国美丰电器厂使用的"中心"牌电池包装封套

1940

20世纪40年代,大明电器厂使用的"马头"牌电池包装封套

1940

20世纪40年代，上海沪江电池厂使用的"玉兔"牌电池包装封套

1940

20世纪40年代,沪粤金城电池厂使用的"光荣"牌电池包装封套

1940

20世纪40年代,上海美光电池厂使用的"鸡王"牌电池包装封套

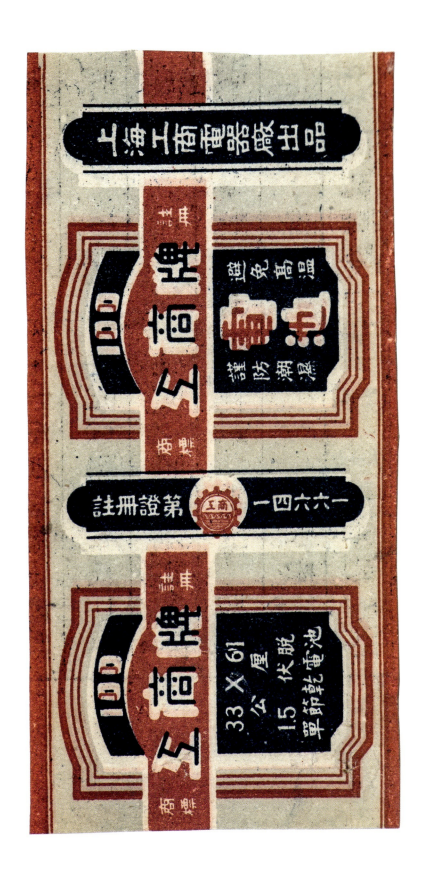

1940

20世纪40年代,上海工商电器厂使用的"工商"牌电池包装封套

1930 > 1949

电灯泡、电珠包装设计

Packaging Design of Bulb

据有关地方志史料介绍：我国现代电器工程专家、企业家许石炯先生于 1927 年，首先在国内试制成功手电筒专用的小电珠，并在上海闸北东洋花园地区开设上海公明电珠厂，专门生产"日月"牌和"光荣"牌小电珠。当时，由于该厂领导非常注重产品质量，创业不久，"日月"牌等小电珠，就因品质精良，不仅在本市旺销，还曾直接畅销长江流域及华北地区等一带。

20 世纪 30 年代初，上海公明电泡厂生产的"日月"牌电珠，上海汇明电池厂生产的"大无畏"牌小电泡，星洲电器制造厂生产的"狗头"牌电珠，上海开朗公司生产的"开朗"牌电珠等，都是当时国内电珠行业中的名牌产品。之后，上海东原电业厂、上海茂昌电泡厂等电器产品生产厂生产的各类小电珠等电器产品，在市场上也有一定的影响力。

1930

20 世纪 30 年代，美商国际电器公司使用的"奇异安迪生"牌灯泡包装纸盒

1930

20世纪30年代，上海汇明电器厂使用的"大无畏"牌电珠包装纸盒

1940

20世纪40年代，上海茂昌电泡厂使用的"茂昌"牌电珠包装纸盒

1940

20世纪40年代,五星工厂使用的"FLY"牌灯泡包装纸盒

20世纪40年代,上海天发协灯泡厂使用的"德士令"牌哈夫泡包装纸盒

1930 1949 手电筒包装设计

Packaging Design of Torch

我国早期手电筒生产行业从起步到逐步发展壮大，所经历的时间要比西方国家短。据有关电器工业史料介绍，我国近代著名实业家丁熊照先生，在20世纪20年代中期试制成功国货"大无畏"牌电池产品之后，于1929年4月，在上海南市小西门中华路1206号，独资创建永明电筒厂，以此不断扩大生产规模和增加产品种类。为了增强与洋货电池、电筒等竞争实力，一年多后，丁先生又决定将自己创办的上海汇明电池厂与永明电筒厂进行合并，重新组建了上海汇明电筒电池厂。

到了20世纪30年代，国内手电筒行业发展迅速。国货手电筒及与之配套的电池生产企业已有10多家。如广州中国南针制造厂生产的"船"牌手电筒，广州东洲电器制品厂生产的"东洲"牌手电筒，香港岭南金属制品厂生产的"飞马"牌手电筒，上海永光电器厂生产的"灿烂红星"牌手电筒，上海永丰电器制造厂生产的"铁锚"牌手电筒等。

由于目前留存至今的民国时期手电筒包装纸盒原件已非常稀少，故此处仅提供上海汇明电筒电池厂使用的"大无畏"牌手电筒包装纸盒与上海裕泰电筒厂使用的"龙头"牌手电筒包装纸盒的设计图样，供读者们欣赏。

1930
20世纪30年代，上海汇明电筒电池厂使用的"大无畏"牌手电筒包装纸盒

1940
20世纪40年代，上海裕泰电筒厂使用的"龙头"牌手电筒包装纸盒

1920
1949 >

\#

五金、橡胶及玻璃包装设计
HARDWARE RUBBER GLASS
PACKAGING
DESIGN

1920 > 1949

五金产品包装设计

Packaging Design of Hardware

虽然我国早期城乡各地民用五金产品种类繁多,但现代化大批量精制的名牌五金产品的外包装标贴、外包装纸盒等并不多见。尤其留存至今且设计精美的外包装物,更是稀少。本节挑选了几件工商业美术设计博物馆收藏,且在当时行业中具有一定影响力的五金产品外包装设计。

155 页下图是上海华中工厂使用的"三帆"牌华中别针包装纸盒的艺术设计。该厂创办于 1935 年 1 月,是一家专门制造各种五金产品与文化用品的企业。

156 页图是上海兴华金属制品厂使用的"狗"牌弹子门锁包装纸盒的艺术设计。纸盒外观设计质朴简单,构思精巧。

1920

20世纪20年代,礼和洋行生产的"礼和"牌5号礼和洋针包装标贴

1920

20世纪20年代，美最时洋行使用的"飞鹰"牌闹钟包装纸盒

1930

20世纪30年代，上海华中工厂使用的"三帆"牌华中别针包装纸盒

1940

20世纪40年代,上海兴华金属制品厂使用的"狗"牌弹子门锁包装纸盒

20世纪40年代,伟大制造尺厂使用的"第一"牌木工尺包装纸盒

20世纪40年代,三鑫星记铜铁工厂使用的"三星"牌圆头别针包装纸盒

1930 > 1949

橡胶制品包装设计

Packaging Design of Rubber

我国现代化大机器生产的橡胶制品,最早出现在南方地区。据橡胶工业史料介绍,1915 年,由南洋归侨的邓峰墀父子,首先在国内成功投资创办第一家现代化橡胶制品公司——广东兄弟树胶制品有限公司。1928 年,知名工商业者叶钟廷、叶翔廷,研制并生产出"永"牌热水袋、橡皮球和套鞋等各种橡胶制品。1934 年,大中华橡胶厂在国内率先生产"双钱"牌橡胶轮胎。

此处展示的"永"牌橡胶热水袋包装纸盒的艺术设计,由永和实业公司设计与使用。该公司由我国现代知名工商业者、江苏江阴籍人士叶钟廷、叶翔廷两兄弟,集资 300 两白银创办。其正式成立于 1917 年,最初主要从事大宗日用杂货的批发与零售。20 世纪 20 年代末,叶氏兄弟看到国内市场上洋货热水袋、橡皮球非常热销,便利用原有厂房,增添炼胶机等生产设备,生产"永"牌热水袋等橡胶产品。

值得一提的是,随着优质国货产品日益深入人心,"永"牌橡胶热水袋包装纸盒盒盖处的文字设计,慢慢改变了早期民众崇洋媚外的消费习惯。

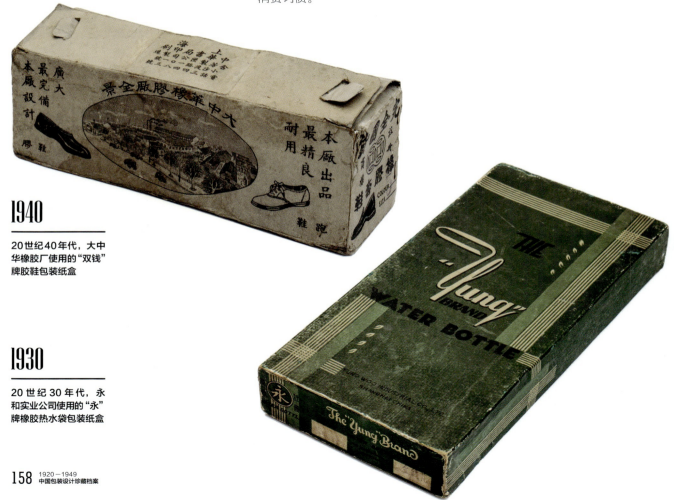

1940

20 世纪 40 年代,大中华橡胶厂使用的"双钱"牌胶鞋包装纸盒

1930

20 世纪 30 年代,永和实业公司使用的"永"牌橡胶热水袋包装纸盒

1930 1949 > 热水瓶包装标贴设计

Packaging Label Design of Thermos

我国玻璃热水瓶（即保温瓶），最早在清宣统三年（1911年）由德国输入。1925年9月，在抵制洋货运动中，上海协新国货玻璃厂生产出我国第一只"麒麟"牌保温瓶。之后，我国热水瓶的生产，如雨后春笋般逐渐发展起来。

159页上图是中国兴业热水瓶厂使用的"双喜'牌热水瓶包装标贴设计，该品牌在当时国内热水瓶行业知名度很高。该厂创办于1938年3月，厂址位于上海同孚路（今石门一路）315号，创办人为张庆发，当时主要生产"双喜"牌与"A.B.C"牌热水瓶等产品。

1930

20世纪30年代，中国兴业热水瓶厂使用的"双喜"牌热水瓶包装标贴

1940

1940年代，华美热水瓶厂使用的"雄兔"牌热水瓶包装标贴。

1940

20世纪40年代,上海亚晶厂使用的"亚字地球"牌热水瓶包装标贴

20世纪40年代,上海永热发行所使用的"五福"牌热水瓶包装标贴

1940

20世纪40年代,上海合丰热水瓶厂使用的"金爵"牌热水瓶包装标贴

20世纪40年代,奚森昌热水瓶厂使用的"金船"牌热水瓶包装标贴

1940

20世纪40年代，上海永固热水瓶厂使用的"宝石"牌热水瓶包装标贴

20世纪40年代，上海市热水瓶工业联合（社）使用的"交流"牌热水瓶包装标贴

1940

20世纪40年代,兄弟实业厂使用的"宝团"牌热水瓶包装标贴

20世纪40年代,华美厂使用的"雄兔"牌热水瓶包装标贴

1930 >
1949

\#

文化用品包装设计
STATIONERY
PACKAGING
DESIGN

1930 > 1949

纸张包装设计

Packaging Design of Paper

据《上海轻工业志》记载，清光绪五年（1879年），知名工商业者曹子拚先生向清政府提议创办上海机器造纸局。经政府批准后，曹先生集资股银15万两，于清光绪十年（1884年），成功创办了我国第一家现代化机器造纸厂。之后，该厂因经营不善，被多次转卖，于清光绪十八年（1892年）改名为伦章机器造纸局。

20世纪20年代后，我国现代化造纸工业仍发展缓慢。到了20世纪30年代，国内现代化的造纸企业仅有五六十家，这其中还包括很多小规模的锡箔纸等生产企业。而经政府注册使用的纸张产品商标，也仅有66件。真正大型的现代化造纸企业，可谓屈指可数。其中包括武林造纸公司、龙章机器造纸公司、粹华造纸公司和民丰造纸公司等。

20世纪40年代，大有蜡纸厂使用的是"金星"牌复写纸包装纸盒。大有蜡纸厂是我国早期一家知名蜡纸、复写纸专业生产企业。该厂生产的"金星"牌复写纸在同行与消费者中享有很高的声誉。

1940

20世纪40年代，上海大明实业厂使用的"警钟"牌高等钢笔腾写蜡纸包装纸罐

20世纪40年代，大有腊纸厂使用的"金星"牌复写纸包装纸盒

1930

20世纪30年代，上海高乐洋行使用的"高乐"牌复写纸包装纸盒

1940 > 1949

笔类包装设计
Packaging Design of Pen

我国笔类产品中,毛笔的生产历史悠久,但留存至今的毛笔五彩图文包装物非常少见。因此,本节选择早期设计相对美观的五彩铅笔包装纸盒与包装封套的艺术设计,介绍给广大读者。

上海铅笔厂由我国现代制笔专家、知名工商业者郭子春先生创办于1940年1月。当时,该厂主要生产各种"三星"牌铅笔等。

据《著名企业家与名牌商标》介绍,中国标准铅笔厂(今中国标准国货铅笔厂)于1935年10月,由我国现代铅笔制造专家吴羹梅联合几位好友创办。作为我国第一家全能铅笔厂,该厂主要生产"鼎"牌、"飞机"牌等多种等级的铅笔。

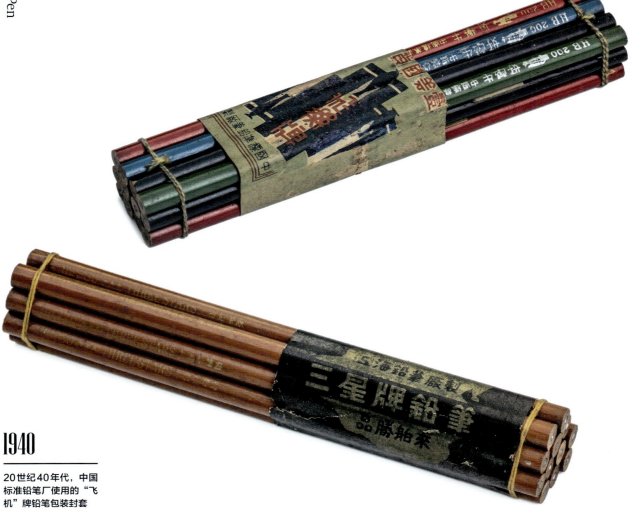

1940

20世纪40年代,中国标准铅笔厂使用的"飞机"牌铅笔包装封套

20世纪40年代,上海铅笔厂使用的"三星"牌铅笔包装封套

1940

20世纪40年代，上海铅笔厂使用的"三星"牌铅笔包装纸盒

20世纪40年代，中国标准国货铅笔厂使用的"鼎"牌包装纸盒

1930—1949

美术颜料及印台包装设计

Packaging Design of Watercolor and Inkpad

我国早期美术颜料生产，以上海马利工艺厂生产的"马头"牌美术颜料的知名度最高。据有关早期美术史料记载，该厂是我国第一家专门生产西洋画颜料的企业。该厂由当时我国10位画家、企业家联合集资350元，创办于1919年。

179页上图展示了上海民生工厂使用的"民生一指"牌民生青莲印台包装铁盒设计。上海民生工厂早期以生产"民生一指"牌各色墨水等为主。之后，其又生产与墨水有关的印台、印油等产品。该厂由我国知名工商业者郑尊法先生联合张左甫、张鲁峰等多位好友，集资3200元，于1925年创办。

1930

20世纪30年代，上海马利工艺厂使用的"马头"牌水彩画颜料包装纸盒

1940

20世纪40年代，上海民生工厂使用的"民生一指"牌民生青莲印台包装铁盒

20世纪40年代，上海中国文具制造厂使用的"三五"牌打印台包装铁盒

1930—1949　名片包装设计

Packaging Design of Card

我国早期名片外包装纸盒一般多使用紫红色、紫黑色暗条纹装饰纸，也有少数选用其他颜色包装纸的。除此之外，企业还常常选择使用现代化的凹凸烫银的纸盒装饰印制工艺，用以印制一些名片生产企业的产品商标图样及与产品、企业名称等有关的内容。

20世纪30年代，商务印书馆使用了"商"牌抽拉式名片包装纸盒的艺术设计。商务印书馆是一家具有100多年历史的大型图书出版、文具生产和印刷企业。它由夏瑞芳、鲍咸恩等四人，集资3700银元，于清光绪二十三年（1897年）在上海创办。

20世纪40年代，粹华卡片厂使用了"马头"牌名片包装纸盒的艺术设计。据早期工商史料介绍，粹华卡片厂由知名工商业者黄涤生先生，创办于1933年11月。当时，其主要生产"马头"牌名片、贺年片等有关纸制品。

1930

20世纪30年代，商务印书馆使用的"商"牌抽拉式名片包装纸盒

1940

20世纪40年代,美新公司使用的"飞马"牌名片包装纸盒

20世纪40年代,中国切纸股份有限公司使用的"飞轮"牌名片包装纸盒

20世纪40年代,粹华卡片厂使用的"马头"牌名片包装纸盒

1940

20世纪40年代，益华卡片厂使用的"联欢"牌名片包装纸盒

20世纪40年代，建德书局卡片部使用的"古钟"牌名片包装纸盒

1920
1949 >

\#

娱乐用品包装设计
ENTERTAINMENT PRODUCTS
PACKAGING DESIGN

1920—1949

唱片包装设计
Packaging Design of Album

20世纪初，由于唱片生产获利丰厚，外商中的"百代""高亭""胜利"等几家知名唱片生产企业便率先在华开设专业唱片生产公司。1923年，许骥公先生在上海创办我国第一家唱片生产企业——中国留声机器公司。之后，该公司改名为"大中华留声机器公司"，继而又改名为"大中华留声唱片公司"。

1920

20世纪20年代，大中华留声唱片公司使用的"双鹦鹉"牌唱片包装纸袋

1930

20世纪30年代，蓓开唱片公司使用的"蓓开"牌唱片包装纸袋

1930

20世纪30年代,得胜留声机器唱片公司使用的"得胜公司"牌唱片包装纸袋

20世纪30年代,香港和声有限公司使用的"歌林"牌唱片包装纸袋

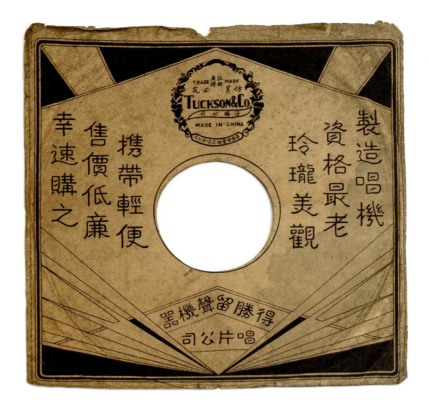

1930

20世纪30年代，高亭华行使用的"高亭"牌唱片包装纸袋

20世纪30年代，中华书局使用的"彩凤"牌语言留声片包装纸袋

1940

20世纪40年代，和声乐器行使用的"峨眉"牌唱片包装纸袋

20世纪40年代，上海英商电气音乐实业有限公司使用的"雄鸡"牌百代细针唱片包装纸袋

1940 > 1949

口琴包装设计
Packaging Design of Harmonica

据有关音乐史料介绍，早期德国的口琴生产世界闻名。而我国的口琴生产自20世纪30年代末起，已在最发达的工业城市上海起步。据《上海国货商标汇刊》一书介绍，中国新乐器公司在1940年4月，已正式开始批量生产"宝塔"牌国货口琴。

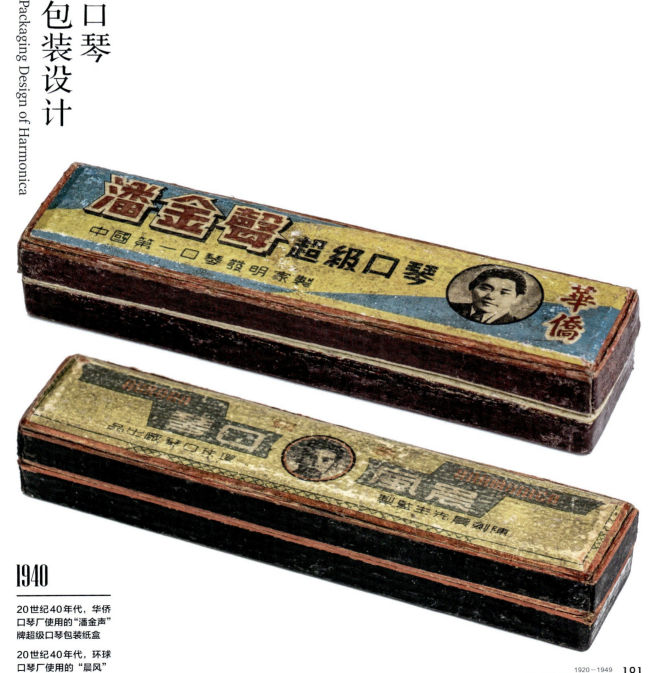

1940

20世纪40年代，华侨口琴厂使用的"潘金声"牌超级口琴包装纸盒

20世纪40年代，环球口琴厂使用的"晨风"牌高级口琴包装纸盒

1940

20世纪40年代，中央口琴厂使用的"石人望"牌超级口琴包装纸盒

20世纪40年代，中国新乐器公司使用的"国光"牌超级口琴包装纸盒

1930 — 1949 体育用品及玩具等包装设计

Packaging Design of Sports Goods and Toy

虽然我国早期体育用品与玩具的存世量不在少数,但是这些用品的外包装纸或外包装纸盒非常少见。

"盾"牌乒乓球包装纸盒,由中国乒乓公司设计并使用于20世纪40年代初。据有关工商史料介绍,该公司由工商业者周其珊先生创办于1928年6月,地址位于上海新闸路武林里24号,主要生产"盾"牌、"连环"牌乒乓球等用品。

20世纪40年代,上海中国工艺社使用了"中国工艺社"牌建筑积木包装纸盒。

1930

20世纪30年代,上海中华书局使用的彩图方字包装纸盒

1940

20世纪40年代,上海中国工艺社使用的"中国工艺社"牌建筑积木包装纸盒

20世纪40年代,中国乒乓公司使用的"盾"牌乒乓球包装纸盒

1940

20世纪40年代,中国工艺社使用的"中国工艺社"牌方盒围棋包装纸盒

参考文献　　Reference documents

1. 《百年上海民族工业品牌》，左旭初著，上海文化出版社，2013年1月版。
2. 《百年渊源》，陈澄泉、宋浩杰主编，东方出版中心，2010年4月版。
3. 《东亚之部·商标汇刊》，国民政府实业部商标局编，中华书局，1933年11月版。
4. 《各大工厂商标图集》，许晚成编，龙门书店，1943年10月版。
5. 《国货样本》，上海机制国货工厂联合会编辑，上海机制国货工厂联合会，1934年6月版。
6. 《华商行名录·上海版》，上海全国工商业调查所编，上海全国工商业调查所，1947年版。
7. 《机制国货商标初编》，上海机制国货工厂联合会编，华丰印刷所印刷，1931年11月出版。
8. 《近代纺织品商标图典》，左旭初编著，东华大学出版社，2007年10月版。
9. 《沪商抗战遗珍》（抗战时期上海商业史料、实物研究与图鉴），上海商学院上海商业博物馆编，立信会计出版社，2015年12月版。
10. 《化妆品》，董银卯主编，中国石油出版社，2000年9月版。
11. 《鉴藏老商标》，由国庆著文、藏图，天津人民美术出版社，2005年6月版。
12. 《老商标的故事》，王翔等编著，民主与建设出版社，2004年1月版。
13. 《卢湾史话》（内部资料），中国人民政治协商会议上海市卢湾区委员会文史资料委员会编，上海市新闻出版局内部资料准印证（88）第016号，1989年9月版。
14. 《民国纺织品商标》，左旭初著，东华大学出版社，2006年2月版。
15. 《民国袜子商业包装艺术设计研究》，左旭初著，东华大学出版社，2019年6月版。
16. 《民族资本主义与旧中国政府》，杜恂诚著，上海社会科学院出版社，1991年11月版。
17. 《上海二轻工业志》，王定一主编，上海社会科学院出版社，1997年12月版
18. 《上海纺织工业志》，施颐馨主编，上海社会科学院出版社，1998年9月版。
19. 《上海国货厂商名录》，上海市商会编，上海市商会，1948年6月版。
20. 《上海国货商标汇刊》，上海总商会编，上海《商业月报》社，1941年版。
21. 《上海化学工业志》，秦炳权主编，上海社会科学院出版社，1997年6月版。
22. 《上海近代百货商业史》，上海百货公司等编著，上海社会科学院出版社，1988年9月版。
23. 《上海轻工业志》，贺贤稷主编，上海社会科学院出版社，1996年12月版。
24. 《上海日用工业品商业志》，《上海日用工业品商业志》编纂委员会编，上海社会科学院出版社，1999年9月版。
25. 《上海市黄浦区商业志》，上海市黄浦区人民政府财政贸易办公室、上海市黄浦区商业志编纂委员会编著，上海科学技术出版社，1995年2月版。

参考文献 Reference documents

26	《商标汇编》，钱永源编，《商标汇编》社，1931年12月初版。
27	《商标汇编》，上海市商会《商业月报》社编印、出版，1948年6月版。
28	《市肆浮沉》（扬州名店），余志群编著，广陵书社出版社，2006年3月版。
29	《现代汉语词典》（修订本），中国社会科学院语言研究所词典编辑室编，商务印书馆，1996年7月修订第3版。
30	《现代艺术设计简史》，彭亚主编，上海交通大学出版社，2011年5月版。
31	《徐汇文史资料选辑》（工商经济专辑），中国人民政治协商会议上海市徐汇区委员会文史资料工作委员会编印，1991年6月版。
32	《早期世博会中国获奖产品商标图鉴》，左旭初编著，上海科学技术出版社，2010年4月版。
33	《中国近代纺织史》（上卷），《中国近代纺织史》编辑委员会编著，中国纺织出版社，1997年9月版。
34	《中国近代广告》（为世纪代言），黄志伟、黄莹编著，上海学林出版社，2004年5月版。
35	《中国近代经济史》，汪敬虞主编，人民出版社，2000年5月版。
36	《中国近代手工业史资料》（1840—1949）（第二卷），彭泽益编，中华书局，1962年7月版。
37	《中国近现代史大典》（上），中国近现代史大典编委会编，中共党史出版社，1992年6月版。
38	《中国近现代史大典》（下），中国近现代史大典编委会编，中共党史出版社，1992年6月版。
39	《中国老字号》，孔令仁、李德征主编，高等教育出版社，1998年9月版。
40	《中国老字号与早期世博会》，左旭初著，上海锦绣文章出版社，2010年2月版。
41	《中国棉纺织史稿》，严中平著，科学出版社，1955年9月版。
42	《中国商标法律简史》，左旭初著，上海学林出版社，2003年7月版。
43	《中国商标法律史》（近现代部分），左旭初著，知识产权出版社，2005年1月版。
44	《中国商标史话》，左旭初著，天津百花文艺出版社，2002年5月版。
45	《中国神话传说词典》，袁珂编著，上海辞书出版社，1985年6月版。
46	《中华吉祥物图典》，刘秋霖、刘健编，天津百花文艺出版社，2000年10月版。
47	《著名企业家与名牌商标》，左旭初著，上海社会科学院出版社，2008年3月版。

图书在版编目（CIP）数据

1920-1949中国包装设计珍藏档案 / 左旭初著. --
上海：上海人民美术出版社, 2022.1
ISBN 978-7-5586-1878-9

Ⅰ. ① 1… Ⅱ. ①左… Ⅲ. ①包装设计－中国－
1920-1949 Ⅳ. ① TB482

中国版本图书馆 CIP 数据核字 (2020) 第 250040 号

本书列选 "ECNU人文设计丛书" 出版项目
丛书主编：魏劭农

1920－1949中国包装设计珍藏档案

作　　者：左旭初
图书策划：孙　青
责任编辑：孙　青
审　　校：吴金燕
整体设计：译出传播　孙吉明　朱凤瑛
技术编辑：陈思聪
出版发行：上海人民美术出版社
印　　刷：上海丽佳制版印刷有限公司
开　　本：889×1194　1/16　12印张
版　　次：2022年1月第1版
印　　次：2022年1月第1次印刷
书　　号：ISBN 978-7-5586-1878-9
定　　价：178.00元